BEI GRIN MACHT SICH IHR WISSEN BEZAHLT

- Wir veröffentlichen Ihre Hausarbeit, Bachelor- und Masterarbeit

- Ihr eigenes eBook und Buch - weltweit in allen wichtigen Shops

- Verdienen Sie an jedem Verkauf

Jetzt bei www.GRIN.com hochladen und kostenlos publizieren

Klimawandel. Die Keeling-Kurve

Patrick Kanberger

Bibliografische Information der Deutschen Nationalbibliothek:

Die Deutsche Nationalbibliothek verzeichnet diese Publikation in der Deutschen Nationalbibliografie; detaillierte bibliografische Daten sind im Internet über http://dnb.d-nb.de abrufbar.

ISBN: 9783346327147
Dieses Buch ist auch als E-Book erhältlich.

Assignment

Klimawandel -

<<Die *Keeling-Kurve*>>

Modul: Interdisziplinäre Kompetenz

Datum der Einreichung: 01.01.2019

Datum der Abgabe: 24.01.2019

Vorname, Name: Kanberger, Patrick

AKAD-Studiengang: Wirtschaftsingenieurwesen – Master of Engineering (M. Eng.)

Inhaltsverzeichnis

Abbildungsverzeichnis

1. Einleitung

1.1 Einführung in das Thema

„Die Emissionen von Treibhausgasen … führt zur globalen Erwärmung in einem Tempo, das zu Anfang signifikant war, dann alarmierend geworden ist und langfristig unerträglich sein wird."[1]

Die Aussage des ehemaligen Premierminister des Vereinigten Königreichs Tony Blair zeigt, wie es der Klimawandel, seine Auswirkungen und evtl. seine Eindämmung, in der Prioritätsliste der Politik in den letzten Jahren bzw. Jahrzehnten auf einen der vorderen Plätze geschafft hat. Es gibt wenige Themen, die aktuell so omnipräsent sind, wie die Änderungen der klimatischen Bedingungen auf unserer Erde.

Es erreichen uns jeden Tag Meldungen von Naturkatastrophen aus allen Ländern der Welt, deren Häufung die Klimaänderungen nur untermauern. Das Hauptaugenmerk als Verursacher des Klimawandels liegt auf der Erhöhung der Konzentration von Kohlenstoffdioxid (CO_2) in der Atmosphäre, was es zu einem globalen Umweltproblem macht. Erstens betrifft seine Auswirkung die gesamte Weltbevölkerung, da es den gleichen Effekt auf die Konzentration des Gases in der Atmosphäre hat, egal wo es emittiert wird. Zweitens erfordert es im Gegensatz zu lokalen Umweltproblemen die Kooperation souveräner Staaten, da die fundamentalen Anreizprobleme bei der Bereitstellung globaler Umweltgüter nicht alleine durch die hoheitlichen Eingriffe des einzelnen Staats gelöst werden kann.[2]

Einer der wichtigsten und aktuellsten Ansätze der Emissionsvermeidung von CO_2 ist die voranschreitende Elektrifizierung der Auto- bzw. der gesamten Verkehrsindustrie. Dies wird allerdings ein langfristiger Prozess sein, bei dem der zu erhoffende Erfolg vor allem davon abhängt, ob die Produktion der Fahrzeuge und Komponenten sowie des elektrischen „Kraftstoffs" CO_2-neutral möglich sein wird.

Gleichzeitig gibt es auch die Leugner der menschengemachten globalen Erwärmung, wie in folgendem Twitter-Zitat des US-amerikansichen Präsidenten sichtbar wird.

„Das Konzept der Klimaerwärmung wurde von und für die Chinesen geschaffen, um die amerikanische Produktion wettbewerbsunfähig zu machen."[3]

---

[1] Tony Blair in: Flannery, 2007, S. 277.
[2] Vgl. Sturm/Vogt, 2018, S. 139.
[3] https://twitter.com/realdonaldtrump/status/265895292191248385?lang=de (Zugriff am 01.01.2019).

Um solche unwissenschaftlichen und populistischen Aussagen zu widerlegen, ist es nötig, sich der Thematik faktisch und systematisch zu nähern. Ein Ansatz ist es, einen Zusammenhang zwischen dem Anstieg der CO_2-Konzentration in der Atmosphäre und des Klimawandels herzustellen. Die nötige Grundlage für diesen Ansatz bildet die *Keeling-Kurve*, welche den Konzentrationsverlauf von CO_2 seit dem Jahr 1958 wiedergibt.

1.2 Problemstellung und Ziel dieser Arbeit

Nachfolgend soll die *Keeling-Kurve*, welche den Anstieg der atmosphärischen Kohlendioxid-Konzentration aufzeigt, skizziert und ganzheitlich beschrieben und in ihren Aussagen und eventuellen Folgen für das Erdklima diskutiert werden. Die Problemstellung dieser Ausarbeitung liegt in der Fülle der Publikationen zum Thema Klimawandel und den sich auch teilweise widersprechenden Aussagen und Forschungsergebnissen. Die Herausforderung liegt also darin, die komplexe Informationsflut entsprechend zu selektieren, um die Aufgabenstellung mit faktisch belegbaren Erkenntnissen zu bearbeiten.

1.3 Aufbau der Arbeit

Um das Ziel, die *Keeling-Kurve* in ihrer Gesamtheit darzustellen, zu erläutern und zu diskutieren, werden zu Beginn dieser Arbeit in den Grundlagen die nötigen Fachbegriffe für das Verständnis und die Interpretation der *Keeling-Kurve* definiert. Hierbei wird zuerst das Klimasystem der Erde, seine Zusammensetzung und die prinzipielle Funktion erläutert. Anschließend wird der bestehende Klimawandel bzw. die aktuellen Klimaveränderungen und seine Auswirkungen aufgezeigt. Die Darstellung verschiedener Treibhausgase und ihrer Wirkungen ist der vorletzte Punkt der Grundlagen, wonach abschließend noch explizit auf die Verbindung aus Kohlenstoff und Sauerstoff, bekannt als Kohlenstoffdioxid bzw. CO_2 eingegangen wird.

Im Konzeptteil wird vorab die *Keeling-Kurve*, welche ein Anstieg der atmosphärischen Kohlenstoffdioxid-Konzentration aufzeigt, von ihrem Beginn der Messung an skizziert und beschrieben. Des Weiteren ist eine Erläuterung des Kurventrends durchzuführen und die wesentlichen Auslöser für den Verlauf und den Trend der Kurve zu nennen. Abschließend ist zu diskutieren, ob der Kurvenverlauf selbst oder seine daraus folgenden Aussagen wissenschaftlich gesichert sind, oder ob hierzu gegenteilige Meinungen in der einschlägigen Literatur existieren.

Abschließend werden die erarbeiteten Erkenntnisse zusammengefasst und kritisch reflektiert.

2. Grundlagen Keeling-Kurve

Um an das Thema des Klimawandels und der *Keeling-Kurve* heranzuführen, werden in diesem Abschnitt das Klimasystem, der Klimawandel, die unterschiedlichen Treibhausgase und speziell das Gas Kohlenstoffdioxid definiert und erläutert.

2.1 Klimasystem

Als erste Annäherung an den Gesamtbegriff des Klimasystems können die beiden Einzelbegriffe für sich betrachtet werden. Das Wort *Klima* stammt vom griechischen Verb *klima* ab, was in etwa dem deutschen Wort *neigen* oder *krümmen* entspricht, da es zunächst nur auf die unterschiedliche Sonneneinstrahlung in den verschiedenen Breitenzonen angewendet wurde. Im modernen Sinne gehen in den Begriff jedoch zahlreiche meß- oder beobachtbare Eigenschaften mit ein.[1] Der ebenfalls aus dem griechischen Wort *systema* (zusammengesetztes, geordnetes Ganzes) stammende Begriff des Systems, meint eine sinn- oder zweckgebundene Gesamtheit, aus miteinander in Beziehung stehenden Elementen.[2] Beim Klimasystem handelt es sich also um ein komplexes Zusammenspiel verschiedener Bereiche der Erde, die miteinander Stoffe und Energie austauschen:[3]

- Atmosphäre
  Die Gasförmige Lufthülle der Erde mitsamt den Kondensat- und Aerosolpartikeln.
- Hydrosphäre
  Hierzu zählen die Weltmeere, Seen, Flüße und das Grundwasser.
- Kryosphäre
  Die Kryosphäre umfasst die Inlandeisschilde, die Landgletscher und das Meereis.
- Erdoberfläche
  Hierbei handelt es sich um die Fläche mit den stärksten Umwandlungen aller Klimagrößen.
- Biosphäre
  Der Großteil der Biosphäre entspricht der Vegetation auf der Erdoberfläche, aber auch die der Ozeane, ebenso die anthropogenen Aktivitäten die das Klima beeinflussen.

---

[1] Vgl. Hupfer/Kuttler, 1998, S. 226.
[2] Vgl. Kammerer, 2010, S. 11.
[3] Vgl. Hantel/Haimberger, 2016, S. 6.

Zu den Faktoren die das Klimasystem beeinflussen, gehören die mit der geografischen Breite variierende Sonnenstrahlung, die Land- und Meerverteilung, die Höhe über dem Meeresniveau und ferner die Zusammensetzung der Atmosphäre. Zu den Klimaelementen gehören Größen wie Temperatur, Luftfeuchte, Niederschlag, Luftdruck und Windstärke bzw –richtung. Eine ebenso entscheidende Bedeutung für das Klima hat die atmosphärische Zirkulation, welche als sekundärer Klimafaktor bezeichnet wird, da er von den oben genannten Faktoren abhängt.[1] Hierbei handelt es sich um Bewegungen in Gasen (Atmosphäre) und Flüssigkeiten (Weltmeere), die dem Einfluss der Schwerkraft unterliegen und welche durch Druck- und Reibungskräfte bestimmt werden, wobei zusätzlich *Coriolis*- und *Zentrifugalkräfte* wirken, da diese Teil des rotierenden Systems der Erde sind.[2] Die entscheidende Energiezufuhr für dieses komplexe System der Klimagestaltung unserer Erde wird von der Sonne in Form von Sonnenstrahlung geliefert.

2.2 Klimawandel

Wie zuvor beschrieben ist der entscheidende Antrieb des Klimasystems die einfallende Sonnenstrahlung. Eine Störung des Strahlungsgleichgewichts zwischen einfallender kurzwelliger Strahlung (KWS) von der Sonne und die in den Weltraum hinausgehende langwellige Strahlung (LWS) durch verschiedene Faktoren, beeinflusst das Klima und führt langfristig zu einem Klimawandel.[3] Bei den Faktoren, die dieses Strahlungsgleichgewicht beeinträchtigen, spielen hier vor allem strahlungsaktive Substanzen in der Atmosphäre, wie z.B. Treibhausgase oder auch Wasserdampf eine entscheidende Rolle. Die Erwartung eines möglicherweise tiefgreifenden anthropogenen Klimawandels beruht prinzipiell auf drei wissenschaftlichen Argumenten:[4]

- Physikalische Modelvorstellungen
  Eine erhöhte atmosphärische Kohlenstoffdioxid-Konzentration vermindert die Wärmeabgabe der Erde, was zu einer erdbodennahen Temperaturerhöhung führt.
- Paläoklimatische Analoga
  In Untersuchungen an Eisbohrkernen der Antarktis waren erhöhte CO_2-Konzentrationen in wärmeren Zeiten der letzten 150.000 Jahre ersichtlich.

---

[1] Vgl. Hupfer/Kuttler, 1998, S. 227.
[2] Vgl. Oertel, 2017, S. 611.
[3] Vgl. Brasseur/Jacob/Schuck-Zöller, 2017, S. 9.
[4] Vgl. Storch/Güss/Heimann, 1999, S. 2.

- Temperaturtrends
  Die in den letzten Jahren betrachteteten Temperaturverläufe erscheinen deutlich ungewöhnlicher im Sinne "normaler natürlicher" Klimaschwankungen, womit sie mit hoher Wahrscheinlichkeit als "nicht natürlich" eingestuft werden dürfen.

Seit Beginn der Industrialisierung sind deutliche überregionale bzw. globale Änderungen im Stoffhaushalt der Atmosphäre als Folge menschlicher Aktivitäten zu beobachten. So stiegen weltweit die Konzentrationen von Gasen in der Atmosphäre, die in der Natur praktisch nicht vorkommen, sondern fast ausschließlich vom Menschen erzeugt werden. Der fünfte Sachstandsbericht des *Zwischenstaatlichen Ausschusses für Klimaänderungen* (IPCC) verdeutlicht, dass der Einfluss des Menschen auf das Klima wissenschaftlicher Fakt ist.[1]

2.3 Treibhausgase

Die Auswirkungen der sogenannten Treibhausgase auf das Erdklima und die Atmosphäre beschäftigen die Wissenschaft bereits seit 200 Jahren. Der französische Mathematiker und Physiker *Jean Baptiste Joseph Fourier* beschäftigte sich bereits 1824 mit der Frage, was die mittlere Temperatur auf der Erde bestimmt. Mit den damals verfügbaren Theorien kam er auf das Ergebnis, dass die Erdoberfläche wärmer ist als sie eigentlich sein sollte. Er schloss daraus, dass die Atmosphäre einen Teil der Wärmestrahlung zurückhält und verglich dies mit dem "Glas eines Treibhauses".[2] Treibhausgase werden über ihre Fähigkeit der Infrarotquantenabsorption definiert, wodurch die Rückstrahlung von der Erde in den Weltraum erschwert wird und somit der zuvor angesprochene Strahlungshaushalt beeinflusst wird.[3] Zu den Treibhausgasen lt. dem *Kyoto-Protokoll* zählen insbesondere:[4]

- Kohlenstoffdioxid (CO_2)
  CO_2 wird größtenteils durch die Verbrennung (stationär und mobil) von fossilen Energieträgern freigesetzt.
- Methan (CH_4)
  Hauptverantwortlich für die Methanemissionen sind die Tierhaltung, Brennstoffverteilung und die Deponiewirtschaft.

---

[1] Vgl. Umweltbundesamt, 2018, S. 67.
[2] Vgl. Fischedick/Görner/Thomeczeck, 2015, S. 13 ff.
[3] Vgl. Diekmann/Rosenthal, 2014, S. 390.
[4] Vgl. Umweltbundesamt, 2018, S. 69.

- Distickstoffmonoxid bzw. Lachgas (N_2O)
  Lachgasemissionen werden hauptsächlich durch die Landwirtschaft, Industrie-
  prozesse und die Verbrennung fossiler Brennstoffe verursacht.
- Fluorkohlenwasserstoffe bzw. F-Gase (u.a. HFC, PFC, SF_6 und NF_3)
  Fluorkohlenwasserstoffe finden ihre Verwendung hauptsächlich als Treibgas,
  Kälte- oder Feuerlöschmittel.

Kohlenstoffdioxid bildet dabei mit fast 90 % den Großteil der Treibhausgasemissionen, womit auf ihm auch das Hauptaugenmerk bei der Begrenzung von Treibhausgasen liegt. Allerdings muss auch angemerkt werden, dass ohne den natürlichen Treibhaus-effekt ein Leben auf der dann erkalteten Erde nicht möglich wäre, wobei insbesondere die Stoffe Wasserdampf, Aerosole, Rußpartikel und Ozon mit zum natürlichen Treib-hauseffekt beitragen.

2.4 Kohlenstoffdioxid

Bei Kohlenstoffdioxid bzw. Kohlendioxid mit der Summenformel CO_2 handelt es sich um ein farb- und geruchloses Gas, welches nicht brennbar, ungiftig, in höheren Konzen-trationen jedoch betäubend wirkt. Kohlenstoffdioxid ist eine chemische Verbindung aus Kohlenstoff und Sauerstoff und nimmt in der belebten Natur im Kohlenstoffkreislauf eine zentrale Rolle ein, da Pflanzen in der Verbindung mit Sonnenlicht und Chlorophyll damit in der Lage sind, komplexe Kohlenhydrate aufzubauen. Lebewesen verbrennen diese Kohlenhydrate in der Zellatmung kontrolliert wieder zu Kohlenstoffdioxid und Wasser, wobei die durch Photosynthese eingefangene Sonnenenergie wieder freigesetzt und zur Aufrechterhaltung von Stoffwechselvorgängen, Körpertemperatur und Mobilität genutzt wird.[1] Kohlenstoffdioxid hat mit ca. 0,04 % einen sehr geringen Anteil an der Atmosphäre, weshalb es auch zu den Spurengasen zählt. Durch seinen messbaren kontinuierlichen Anstieg der Konzentrationswerte, seiner Fähigkeit der Infrarotquanten-absorption und der zeitgleichen, mittleren globalen Temperaturerhöhung, spielt es in der aktuellen Diskussion um den Treibhauseffekt allerdings die wichtigste Rolle.[2] Alleine Deutschland ist seit dem Beginn der Industrialisierung für fast 5 % des globalen CO_2-Ausstoßes verantwortlich. Die jährliche Pro-Kopf-CO_2-Emission beträgt aktuell rund 9,6 Tonnen, was dem doppelten des internationalen Durchschnitts entspricht.[3]

---

[1] Vgl. Felixberger, 2017, S. 196.
[2] Vgl. Wiegleb, 2016, S. 17 ff.
[3] Vgl. Bundesministerium für Umwelt, Naturschutz und nukleare Sicherheit, 2018, S. 8.

3. Keeling-Kurve

Im folgenden Konzeptteil wird die *Keeling-Kurve* in ihrer Gesamtheit aufgezeigt und beschrieben. Des Weiteren werden ihre Entstehung und ihre Auswirkungen diskutiert.

3.1 Charles David Keeling

Charles David Keeling (1928 – 2005) war ein US-amerikanischer Professor für Chemie an der *Scripps Institution of Oceanography* in Kalifornien. Seine wissenschaftliche Karriere begann er als Chemiker beim *Department of Geochemistry at Calltech*, wo er das Grundwasser in der unberührten Wildnis von Big Sur untersuchte. Im Jahr 1956 lud der damalige Direktor des *Scripps Institution of Oceanography* Keeling dazu ein, atmosphärische Kohlenstoffdioxid-Messungen für das *International Geophysical Year* (IGY) durchzuführen. Keeling schlug hierfür ein Infrarot-Gasanalysator vor, welcher im März 1958 auf dem Gipfel des Mauna Loa auf Hawaii installiert wurde. Diese Datenerhebung seit 1958 zeigt einen konstant steigenden Verlauf der CO_2-Konzentration, die sogenannte *Keeling-Kurve*.[1]

3.2 Historische Entwicklung

Zu Beginn der Messungen des Kohlenstoffdioxid-Gehalts auf dem Mauna Loa in der Atmosphäre 1958 lag der gemessene Wert noch bei 314 ppm (parts per million). Im Jahre 2015 betrug der gemessene Wert schon 400 ppm, was einem Anstieg von durchschnittlich 1,19 ppm pro Jahr entspicht. Die gemessenen Werte, bzw. die Trendlinie der letzten 60 Jahre, lässt sich recht gut durch eine quadratische Gleichung beschreiben, welche nachfolgend dargestellt ist (x = Jahreszahl).[2]

$$CO_2 \ in \ ppm = 0{,}0118 \cdot x^2 - 45{,}376 \cdot x + 43.922 \qquad (3.2.1)$$

Möchte man z.B. den gemessenen CO_2-Wert für das Jahr 2000 ermitteln, muss die Formel folgendermaßen angewendet werden:

$$CO_2 \ in \ ppm \ (2000) = 0{,}0118 \cdot 2000^2 - 45{,}376 \cdot 2000 + 43.922 \qquad (3.2.2)$$

$$CO_2 \ in \ ppm \ (2000) = 370 \qquad (3.2.3)$$

Dies deckt sich mit der nachfolgenden Abbildung der *Keeling-Kurve*, welche den CO_2-Gehalt der Atmosphäre am Mauna Loa aus den Jahren 1960 bis 2017 wiedergibt.

---

[1] Vgl. Marx/Haunschild/French/Bornmann, 2017, S. 1080.
[2] Vgl. Wiegleb, 2016, S. 18.

Die Daten der einzelnen Jahre stammen vom *National Oceanic and Atmospheric Administration* (NOAA) aus dem Bereich *Earth System Research Laboratory* der Abteilung *Global Monitoring Division*.[1]

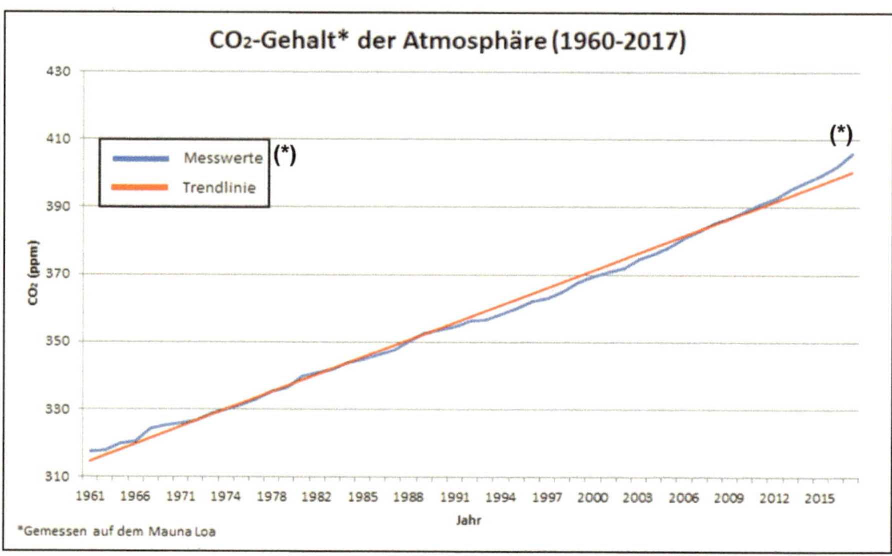

Abbildung 1   Keeling-Kurve (1960 - 2017)[2]

Im gleichen Zeitraum dieser Messungen hat sich die durchschnittliche globale Temperatur um ca. 0,6 °C erhöht, was in dem Zusammenhang mit der Erhöhung des Kohlenstoffdioxid-Gehalts der Atmosphäre eine Steigung von $8{,}8 \cdot 10^{-3}$ °C/ppm ergibt. Hierdurch kann ein relativ einfacher Zusammenhang der Erderwärmung und des Anstiegs der mittleren globalen Temperatur hergeleitet werden.[3]

$$\Delta T = x \cdot ppm \cdot 8{,}8 \cdot 10^{-3} °C/ppm \qquad (3.2.4)$$

Ein Anstieg des CO₂-Gehalts von weiteren 68 ppm hätte nach dieser Formel eine Erhöhung der mittleren globalen Temperatur von ca. 0,6 °C zur Folge.

$$\Delta T = 68 \cdot ppm \cdot 8{,}8 \cdot 10^{-3} °C/ppm \qquad (3.2.5)$$

$$\Delta T = 0{,}5984 °C \qquad (3.2.6)$$

Generell zeigt die *Keeling-Kurve* über ihre gesamte Messreihe der letzten 60 Jahre einen relativ geradlinigen, konstanten Anstieg des CO₂-Gehalts in der Atmosphäre.

---

[1] Vgl. https://www.esrl.noaa.gov/gmd/ccgg/trends/graph.html (Zugriff am 03.01.2019).
[2] In Anlehnung an https://www.esrl.noaa.gov/gmd/ccgg/trends/graph.html (Zugriff am 03.01.2019).
[3] Vgl. Wiegleb, 2016, S. 18.

3.3 Erläuterung des Kurventrends

Schon in den ersten Jahren der durchgeführten Messungen konnte *Charles Keeling* einen kontinuierlichen Anstieg der CO_2-Konzentration nachweisen, welchen er schon damals mit der Verbrennung fosssiler Brennstoffe in Verbindung brachte.[1] Auffallend beim Trendverlauf ist, dass sich der Kohlenstoffdioxid-Anstieg pro Jahr von 1 ppm/Jahr auf 2 ppm/Jahr verdoppelt hat, was an den stark gestiegenen Emissionen der letzten Jahrzehnte liegt. Verursacht haben diesen Anstieg insbesondere China und Indien, während in den meisten Industrieländern der CO_2 Ausstoß stagnierte oder sogar rückläufig ist. Lag die CO_2-Konzentration in der vorindustriellen Zeit noch bei 290 ppm, würde bei dem aktuellen Trend eine Verdopplung dieses Wertes im Jahre 2077 erreicht werden, was der Einbezug der Gleichung (3.2.1) bestätigt:[2]

$$CO_2 \ in \ ppm \ (2077) = 0{,}0118 \cdot 2077^2 - 45{,}376 \cdot 2077 + 43.922 \qquad (3.3.1)$$

$$CO_2 \ in \ ppm \ (2077) = 580{,}41 \qquad (3.3.2)$$

Von diesem weiterführenden Trend kann allerdings nur dann ausgegangen werden, wenn die gesamten CO_2-Emissonen auf dem selben Niveau wie bisher beharren. Nach vielen wissenschaftlich fundierten Arbeiten, führt eine Beibehaltung des Trends der *Keeling-Kurve* unweigerlich zu einer zunehmenden Erderwärmung. Der Weltklimarat warnt davor, dass eine Erwärmung von mehr als 2 °C verheerende Folgen haben kann. Ohne weitere Begrenzung der CO_2-Emissionen, also eine Umkehrung des Trends der *Keeling-Kurve*, könnte sich die Erderwärmung bis 2100 auf 4 °C oder mehr belaufen. Dies würde viele Veränderungsprozesse anstoßen, welche sich dann verselbstständigen könnten und unumkehrbar wären.[3] Wie weit gestreut die Vorhersagen für den zukünftigen Verlauf der Kurve auseinanderliegen ist hierbei ersichtlich. Laut der abgeleiteten quadratischen Gleichung (3.2.1) des Trendverlaufs der letzten 60 Jahre würde sich im Jahr 2100 eine theoretische CO_2-Konzentration von ca. 670 ppm ergeben, was einer Temperaturerhöhung von ca. 2,4 °C anstatt 4 °C entsprechen würde.

3.4 Wesentliche Auslöser des Kurvenverlaufs

Um die wesentlichen Auslöser des Kurvenverlaufs detailliert aufzuführen, ist eine Unterscheidung zwischen dem jährlichen Verlauf und dem Gesamtverlauf zu treffen.

---

[1] Vgl. Fischedick/Görner/Thomeczeck, 2015, S. 14.
[2] Vgl. Wiegleb, 2016, S. 18.
[3] Vgl. Bundesministerium für Umwelt, Naturschutz und nukleare Sicherheit, 2018, S. 14.

3.4.1 Jährlicher Verlauf

Der jährliche Verlauf der Kohlenstoffdioxid-Konzentration in der Atmosphere ist jahres-zeitabhängigen Schwankungen unterworfen. *Charles Keeling* bezweifelte am Anfang seine Theorie, als einem steigenden Zeitabschnitt ein fallender Verlauf folgte. Diese, in jedem Jahr vorkommende, periodische Schwingung, welche einer Sinuskurve ähnelt, konnte er jedoch durch die terristrische Vegetation erklären.[1] Dieses wiederkehrende Phänomen ist in der folgenden Abbildung mit den aktuellen Daten des Jahres 2017 ab-gebildet.

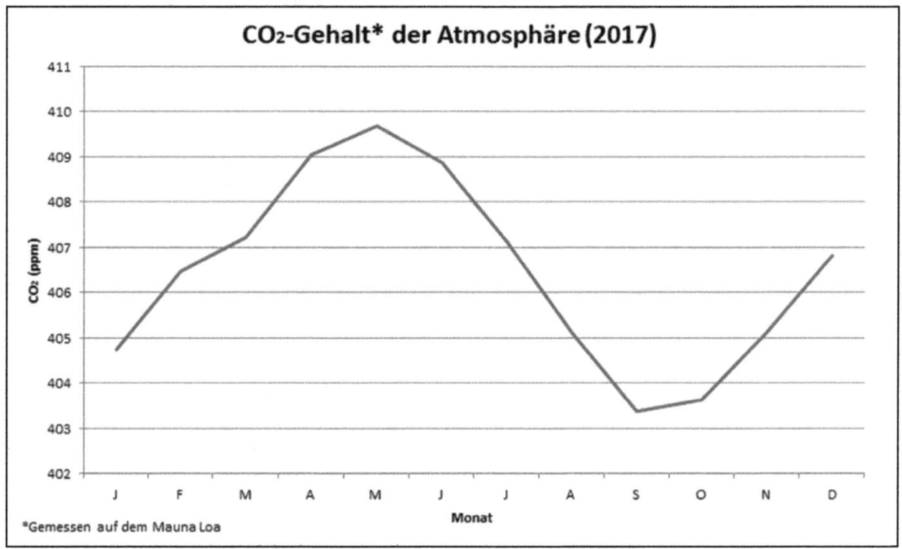

Abbildung 2   Keeling-Kurve (2017)[2]

Die jährlichen Oszillationen ergeben sich, wie oben angedeutet aus der photosynthe-tischen Aktivitätsdifferenz von Sommer zu Winter, auf der landflächig größeren Nord-halbkugel.[3] Durch die größere Landfläche steht auch mehr Vegetation zu Beginn des Jahres auf der Nordhalbkugel zur Verfügung, welche mehr Kohlenstoffdioxid binden kann, als die Pflanzen im Frühling auf der Südhalbkugel. Die Freisetzung des gespeich-erten Kohlenstoffdioxid erfolgt dann wieder im Nordhalkugelherbst, was zu der jährlich-en, zeitlich verzögerten Variation führt.

---

[1] Vgl. Fischedick/Görner/Thomeczeck, 2015, S. 14.
[2] In Anlehnung an https://www.esrl.noaa.gov/gmd/ccgg/trends/graph.html (Zugriff am 03.01.2019).
[3] Vgl. Diekmann/Rosenthal, 2014, S. 391.

3.4.2 Gesamtverlauf

Um die wesentlichen Auslöser für den Verlauf der *Keeling-Kurve* aufzuzeigen, bedarf es der Nachforschung, wer für die enormen Anstiegsraten des weltweiten Kohlenstoffdioxid-Ausstoßes verantwortlich ist.

CO_2 ist ein natürlicher Stoff und entsteht auf natürlichem Wege, wobei sein Austausch, in dem für uns Menschen überlebenswichtigen Kohlenstoffkreislauf, zwischen Kohlenstoffquellen und –senken, wie z.B. Vulkane, die CO_2 abgeben und Ozeane, die CO_2 aufnehmen, stattfindet. Somit könnten auch natürliche Prozesse für den gemessenen Anstieg mit verantwortlich sein und als Verursacher für den Kurvenverlauf dienen. Dies ist jedoch mit an Sicherheit grenzender Wahrscheinlichkeit auszuschließen, weil das CO_2 aus der Verbrennung fossiler Brennstoffe einen typischen chemischen Fingerabdruck aufweist. Aufgrund der Messungen ist bekannt, dass sich tatsächlich anthropogenes, also menschengemachtes Kohlenstoffdioxid in der Atmosphäre angesammelt hat, womit der wesentliche Ausöser für den Gesamtverlauf der *Keeling-Kurve* in der Nutzung fossiler Brennstoffe zu finden ist.[1]

Die eigentliche Trendentwicklung der *Keeling-Kurve* korreliert sehr stark mit der konjunkturellen Entwicklung der Weltwirtschaft und damit auch mit dem globalen Energieverbrauch fossiler Brennstoffe.

Die weltweiten CO_2-Emissionen haben sich seit den 1970er Jahren mehr als verdoppelt, wobei dieser Aufwärtstrend mit den beiden Ölkrisen Anfang der 1970er bzw. 1980er Jahre oder der asiatischen Finanzkrise 1998 unterbrochen wurde. Durch den Zusammenbruch der Industrie in Ost- und Mitteleuropa sowie der damaligen Sowjetunion verzeichnete die erste Hälfte der 1990er Jahre eine leicht verminderte Steigerungsrate, was sich in Abbildung 1 recht einfach erkennen lässt. In der Folge der weltwirtschaftlichen Erholung in der zweiten Hälfte der 1990er Jahre kam es jedoch wieder zu einer Verstärkung des Aufwärtstrends. Seit dem Jahr 2003 kann auf Grund der fortschreitenden Industrialisierung der großen Schwellenländer, wie z.B. China, ein zusätzlicher Anstieg der globalen Emissionen festgestellt werden.[2]

Diese klar sichtbaren Zusammenhänge von dem Zustand der Weltwirtschaftskonjunktur und den entsprechenden Auswirkungen bei den gemessenen CO_2-Konzentrationen geben ein weiteres Indiz für die Beeinflussung des Klimasystems durch den Menschen.

---

[1] Vgl. Sturm/Vogt, 2018, S. 144.
[2] Vgl. Fischedick/Görner/Thomeczeck, 2015, S. 114.

3.5 Wissenschaftlicher Stand

Die Messstation auf dem Mauna Loa auf Hawaii, betrieben vom *Scripps Institution of Oceanography,* liefert noch heute die regelmäßigen Werte für die nach *Charles Keeling* benannte Kurve. Mit dem Beginn dieser langfristigen Messreihe wurde zum ersten Mal eine kontinuierliche CO_2-Messung in Betrieb genommen. Aufgrund der erhöhten Lage der Messstation und ihrer Abgeschiedenheit zu Kohlenstoffdioxid-Quellen und –Senken werden die Messwerte und der entsprechende Verlauf der *Keeling-Kurve* in der Wissenschaft grundlegend anerkannt und stehen nicht zur Disposition.

Etwas anders verhält es sich mit dem Zusammenhang eines Anstiegs der CO_2-Konzentration in der Atmosphäre und einer dadurch beeinflussten globalen mittleren Temperaturerhöhung, was als *Klimasensitivität* bezeichnet wird. In kontrollierten, von anderen Einflüssen abgeschirmten Experimenten, ergab sich ein Temperaturanstieg von 1,2 °C, wenn sich die Kohlenstoffdioxid-Konzentration verdoppelt. Die Ergebnisse lassen jedoch keinen sofortigen bzw. direkten Rückschluss auf diese Wechselwirkungen zu, da hierbei hochkomplexe Rückkopplungseffekte zu berücksichtigen sind:[1]

- Beispiel einer verstärkenden Rückkopplung

  Steigt durch die erhöhte CO_2-Konzentration die durchschnittliche Oberflächentemperatur, kommt es zu einem weiteren Abschmelzen der Eismassen an den Polen, was die Reflektionsfähigkeit der Erdoberfläche minimiert, da Wasser weniger Sonnenstrahlung reflektiert als Eis. Der Treibhauseffekt verstärkt sich.

- Beispiel einer abschwächenden Rückkopplung

  Steigt durch die erhöhte CO_2-Konzentration die durchschnittliche Oberflächentemperatur, verdampft mehr Wasser, was zu einer vermehrten Wolkenbildung führen kann. Entstehen die Wolken in relativ hohen Schichten der Atmosphäre, reflektieren sie vermehrt einfallende Sonnenstarhlung und schwächen damit den Treibhauseffekt ab.

Aus wissenschaftlicher Sicht sind die gewonnenen Informationen der *Keeling-Kurve* nicht anzufechten, da diese auch durch andere Messungen belegt werden. Ebenso gilt der direkte Zusammenhang zwischen CO_2-Konzentration und einer mittleren globalen Erhöhung der Temperatur als wissenschaftlich gesichert, da für die Berechnung der komplexen Klimamodelle die genannten Rückkopplungseffekte berücksichtigt werden.

---

[1] Vgl. Sturm/Vogt, 2018, S. 145.

4. Schlussbetrachtung

In diesem Assignment war es die Aufgabe die *Keeling-Kurve* in Ihrer Gesamtheit darzustellen und zu erläutern. Ein weiterer Schwerpunkt lag in der Betrachtung des Trendverlaufs und der wesentlichen Auslöser für den Gesamtverlauf der Kurve. Zum Ab-
schluss dieser Arbeit sollte die Wissenschaftlichkeit des Verlaufs der *Keeling-Kurve* dar-
gelegt werden. Um in das doch sehr komplexe Thema einzuleiten und hierfür ein Grund-
verständnis zu schaffen, wurde in den Grundlagen das Klimasystem vorgestellt und der,
aktuell im Fokus stehende Klimawandel, erläutert. Die den Klimawandel vorantreibenden
Treibhausgase wurden ebenso vorgestellt, wie das hierzu gehörende Gas Kohlenstoffdioxid, welches auch den Messparameter der *Keeling-Kurve* darstellt.

Die Auswertung des Kurvenverlaufs der *Keeling-Kurve* zeigt, vor allem in Relation zu
der jeweiligen industriellen Entwicklung und in Verbindung mit dem chemischen Fingerabdruck des anthropogenen Kohlenstoffdioxids, dass es sich hierbei um eine vom Menschen gemachte Anreicherung des Gases in der Atmosphäre handelt.[1] Durch die Steigerung der CO_2-Konzentration kommt es zu einem menschengemachten Treibhauseffekt, welcher den natürlichen Treibhauseffekt verstärkt und somit zu einem Wandel der
klimatischen Bedingungen beiträgt. Dass dieser, auch von vielen Stimmen geleugnete,
Klimawandel stattfindet, wird vom aktuellen Sachstandsbericht des *Zwischenstaatlichen Ausschusses für Klimaänderungen*, dem IPCC, eindeutig bestätigt und auf die
Steigerung der anthropogenen Treibhausgase rückgeführt.[2] Langzeitmesswerte wie die
der *Keeling-Kurve* dienen als Grundparameter für verschiedene Modelle und Projekte,
um die Szenariendarstellung des Klimawandels zu berechnen, wie z.B. im Rahmen des
internationalen Modellvergleichsprojekt *Coupled Model Intercomparison Project Phase
5* (CMIP5), welches einen signifikanten Anstieg des Meeresspiegel, eine globale Temperaturerhöhung und einen radikaleren Klimawandel bis in das Jahr 2100 voraussagt.[3]
Aus globaler Verantwortung und auch als Zukunftschance gesehen, müssen die großen
Volkswirtschaften beim Thema Klimaschutz vorangehen und Techniken einsetzen, die
Emissionen von Treibhausgasen deutlich reduzieren.

Im Rahmen dieser Ausarbeitung wäre eine tiefere Bearbeitung, insbesondere der klimatischen Wechselwirkungen und deren Modellierungen wünschenswert gewesen, was
den vorgegebenen Umfang allerdings erheblich überschritten hätte.

---

[1] Vgl. Sturm/Vogt, 2018, S. 144.
[2] Vgl. Umweltbundesamt, 2018, S. 76.
[3] Vgl. Brasseur/Jacob/Schuck-Zöller, 2017, S. 13.

Literatur- und Quellenverzeichnis

Brasseur, G./Jacob, D./Schuck-Zöller, S.: Klimawandel in Deutschland –
Entwicklung - Folgen - Risiken und Perspektiven, Heidelberg, 2017.

Bundesministerium für Umwelt, Naturschutz und nukleare Sicherheit (Hrsg.): Klimaschutz in Zahlen - Fakten - Trends und Impulse deutscher Klimapolitik,
Berlin, 2018.

Diekmann, B./Rosenthal, E.: Energie - Physikalische Grundlagen ihrer
Erzeugung - Umwandlung und Nutzung, 3. Auflage, Wiesbaden, 2014.

Felixberger, J.: Chemie für Einsteiger, Berlin, 2017.

Fischedick, M./Görner, K./Thomeczeck, M.: CO_2 – Abtrennung - Speicherung -
Nutzung - Ganzheitliche Bewertung im Bereich von Energiewirtschaft und
Industrie, Heidelberg, 2015.

Flannery, Tim: Wir Wettermacher - Wie die Menschen das Klima verändern und
was das für unser Leben auf der Erde bedeutet, 2. Auflage, Frankfurt, 2007.

Hantel, M./Haimberger, L.: Grundkurs Klima, Heidelberg, 2016.

https://twitter.com/realdonaldtrump/status/265895292191248385?lang=de (Zugriff am
01.01.2019).

Hupfer, P./Kuttler, W.: Witterung und Klima, 10.Auflage, Wiesbaden,
1998.

Kammerer, Christine: Allgemeine Systemtheorie - Der Systembegriff, AKAD-
Studienbrief AST811,o.O.,o.J.

Marx, W./Haunschild, R./French, B./Bornmann, L.: Slow reception and under-citedness
in climate change research - A case study of Charles David Keeling –
discoverer of the risk of global warming, in: Scientometrics, 112. Ausgabe,
Berlin, 2017, S. 1079 – 1092.

Oertel, Herbert: Prandtl – Führer durch die Strömungslehre - Grundlagen und
Phänomene, 14. Auflage, Wiesbaden, 2017.

Storch, H./Güss, S./Heimann, M.: Das Klimasystem und seine Modellierung,
Heidelberg, 1999.

Sturm, B./Vogt, C.: Umweltökonomie - Eine anwendungsorientierte
Einführung, 2. Auflage, Berlin, 2018.

Umweltbundesamt (Hrsg.): Berichterstattung unter der Klimarahmenkonvention der Vereinten Nationen und dem Kyoto-Protokoll 2018 - Nationaler Inventarbericht zum Deutschen Treibhausgasinventar 1990 - 2016, Dessau-Roßlau, 2018.

Wiegleb, G.: Gasmesstechnik in Theorie und Praxis - Messgeräte - Sensoren - Anwendungen, Wiesbaden, 2016.

BEI GRIN MACHT SICH IHR WISSEN BEZAHLT

- Wir veröffentlichen Ihre Hausarbeit, Bachelor- und Masterarbeit

- Ihr eigenes eBook und Buch - weltweit in allen wichtigen Shops

- Verdienen Sie an jedem Verkauf

Jetzt bei www.GRIN.com hochladen und kostenlos publizieren